BEI GRIN MACHT SICH IHR WISSEN BEZAHLT

- Wir veröffentlichen Ihre Hausarbeit,
  Bachelor- und Masterarbeit

- Ihr eigenes eBook und Buch -
  weltweit in allen wichtigen Shops

- Verdienen Sie an jedem Verkauf

Jetzt bei www.GRIN.com hochladen
und kostenlos publizieren

Bastian Gniewosz

Einsteins Relativitätstheorie und die Zeit

Die relativistische Kinematik

GRIN Verlag

Bibliografische Information der Deutschen Nationalbibliothek:

Die Deutsche Bibliothek verzeichnet diese Publikation in der Deutschen National-
bibliografie; detaillierte bibliografische Daten sind im Internet über http://dnb.d-
nb.de/ abrufbar.

Impressum:

Copyright © 2009 GRIN Verlag, Open Publishing GmbH
Druck und Bindung: Books on Demand GmbH, Norderstedt Germany
ISBN: 978-3-640-91613-9

Dieses Buch bei GRIN:

http://www.grin.com/de/e-book/171626/einsteins-relativitaetstheorie-und-die-zeit

Einsteins Relativitätstheorie und die Zeit – Die relativistische Kinematik

Inhaltsverzeichnis

1. Einleitung

Das Thema meiner Facharbeit lautet „Einsteins Relativitätstheorie und die Zeit – Die relativistische Kinematik". Aus Interesse zu Einsteins Relativitätstheorie habe ich dieses Themenfeld aus dem Rahmenthema „Relativität" und dem thematischen Schwerpunkt „Relativistische Kinematik" ausgewählt. Aber andererseits habe ich mich gefragt, ob ich diese Komplexität jemals begreifen werde. Kann man Einsteins Theorie als Laie überhaupt verstehen? Dank diverser und verständlicher Literatur zu dieser Thematik verschaffte ich mir einen Überblick und ich konnte mit dessen Hilfe mein Verständnis erweitern und begann erste Aussagen über die Relativitätstheorie zu verstehen. Die Idee dahinter – die Aufgabe einer universalen Zeit – ist auch heute noch nicht einfach zu fassen. Inzwischen sind viele Experimente gemacht worden, die alle gezeigt haben, dass Einstein Recht hat! Es wurden Erfahrungen in der Relativität gesammelt. So wie unsere Erfahrung uns lehrt, dass der Apfel vom Baum auf den Boden fällt und nicht umgekehrt, so hat man gelernt, dass die Zeit nicht überall gleich vergeht. Zugegeben, diese Erfahrung macht nicht jeder, aber derjenige, der sich mit dieser Theorie auseinandersetzt und sich langsam daran gewöhnt, der macht sie.

Der Hauptteil meiner Facharbeit beginnt mit der Biografie des Erfinders der Allgemeinen und der Speziellen Relativitätstheorie – Albert Einstein. Ich habe seine Biografie ausführlicher verfasst, um zu zeigen, was ein solches Genie dazu veranlasst, eine solche komplexe und komplizierte Theorie aufzustellen – eine Theorie, die dem Wissen im beginnenden 20. Jahrhundert weit voraus ist.

Des Weiteren gebe ich eine allgemeine Beschreibung über die Spezielle und die Allgemeine Relativitätstheorie, um dem unerfahrenen Leser einen ersten Einblick über die Vielseitigkeit der Relativitätstheorie zu verschaffen und einen ersten Eindruck über den komplexen Stoff, den die Relativitätstheorie beinhaltet, zu vermitteln.

Die Relativistische Kinematik mit den Unterpunkten Zeitdilatation und Längenkontraktion sowie Gleichzeitigkeit stehen im Mittelpunkt meiner Facharbeit, ebenso ein Gedankenexperiment – das Zwillingsparadoxon. Sobald der Leser mit der Zeitdilatation vertraut ist, dürfte ihm klar sein, dass die Zeit nicht überall gleich ist, sondern dass bei Uhren in Bewegung bzw. Uhren in einem Gravitationsfeld relativistische Effekte auftreten – eine Verlangsamung des Uhrengangs. Die Themen Gleichzeitigkeit und Längenkontraktion werden für so manchen Leser nicht sehr leicht verständlich sein. Skizzen und eine ausführliche Beschreibung sollen das Verständnis erleichtern und veranschaulichen. Bei dem Zwillingsparadoxon handelt es sich um ein wohl sehr berühmtes Gedankenexperiment. Dem Leser werden hier noch einmal die relativistischen Effekte der Zeitdilatation in den Sinn gerufen[1]. Auch mir hat dieses Experiment – das jedoch noch nie so durchgeführt werden konnte, wie beschrieben – geholfen, die Materie besser zu verstehen und aus diesem Grund möchte ich es in meine Facharbeit einbringen, um bei den Lesern den so genannten „Aha-Effekt" auszulösen.

---

[1] Vgl. Physik Oberstufe Gesamtband, Berlin, Cornelsen Verlag 2008, S.10

Abschließend möchte ich ein Experiment erklären, das bereits durchgeführt werden konnte und welches einen bestimmten Teil der Einstein'schen Relativitätstheorie bewiesen hat: eine Uhr in einem beschleunigten Bezugssystem ist einem langsameren Uhrengang ausgesetzt als eine ruhende Uhr.[2] Den Nutzen, der aus diesem Experiment hervorgeht, möchte ich im Global Positioning System – kurz GPS genannt – erklären.

Als praktischen Teil meiner Facharbeit werde ich Berechnungen durchführen mit Hilfe der entsprechenden Formeln, zum Beispiel beim Zwillingsparadoxon und bei der Längenkontraktion.

2. Biografie über Albert Einstein

Als Erstgeborener der jüdischen Eheleute Hermann Einstein und Pauline, geb. Koch, kam Albert Einstein (siehe Abbildung 1) am 14. März 1879 in Ulm zur Welt.[3] Ein Jahr nach seiner Geburt siedelte die Familie nach München über, wo Hermann Einstein mit seinem Bruder Jakob die elektrotechnische Firma Einstein & Cie. gründete. Am 18. November 1881 wurde Alberts Schwester Maria, genannt Maja, geboren.

Einsteins Kindheit verlief normal und eine besondere Hochbegabung war in seiner Jugend noch nicht abzusehen. 1885 kam er in die Volksschule und wechselte drei Jahre später ins Luitpold-Gymnasium über, das heute den Namen Albert-Einstein-Gymnasium trägt.

Nach der Liquidation der Firma Einstein & Cie. zog die Familie 1894 nach Mailand und Albert sollte bis zum Abitur am Luitpold-Gymnasium bleiben.

Abbildung 1

Doch es gab Probleme mit den Lehrern und dem von „Zucht und Ordnung geprägten Schulsystem des Deutschen Kaiserreiches".[4] Ohne Abschluss verließ Albert Einstein das Gymnasium und folgte seiner Familie nach Mailand. Ein Jahr später meldete er sich in der Kantonsschule Aarau in der Schweiz an und erhielt dort 1896 die Matura (Abitur).

Von 1896 bis 1900 absolvierte Albert Einstein an der Technischen Hochschule in Zürich ein mathematisch-physikalisches Fachlehrerstudium, welches er mit dem Diplom als Fachlehrer für Mathematik und Physik beendete.[5] Ein Jahr später wurde er Schweizer Staatsbürger. Eine feste Anstellung als Technischer Experte 3. Klasse beim Schweizer Patentamt in Bern erhielt er 1902, nachdem er sich zuvor als Hauslehrer betätigt hatte. Mit dem Philosophiestudenten Maurice Solovine und dem Mathematiker Conrad Habicht gründete er die Berner „Akademie Olympia", einen „philosophisch-physikalischen Debatier-Club".[6] Nach Einstein Worten hat diese Akademie seinen beruflichen Werdegang gefördert.[7]

---

[2] Vgl. Kiefer, C.: Gravitation, Frankfurt a.M., 2003, S. 124
[3] Vgl. http://www.klassenarbeiten.de/referate/physik/alberteinstein/alberteinstein_47.htm
[4] Vgl. http://de.wikipedia.org/wiki/Albert_Einstein
[5] Vgl. http://www.dieterwunderlich.de/Albert_Einstein.htm
[6] Vgl. http://www.albert-einstein-online.de/6.html
[7] Vgl. http://www.klassenarbeiten.de/referate/physik/alberteinstein/alberteinstein_47.htm

Das Jahr 1905 war bedeutsam für ihn, denn er veröffentlichte einige seiner wichtigsten Werke. Später schrieb „Carl Friedrich von Weizsäcker *,1905 eine Explosion von Genie. Vier Publikationen über verschiedene Themen, deren jede, wie man heute sagt, nobelpreiswürdig*
ist: die spezielle Relativitätstheorie, die Lichtquantenhypothese, die Bestätigung des molekularen Aufbaus der Materie durch die brownsche Bewegung, die quantentheoretische Erklärung der spezifischen Wärme fester Körper' und sein Artikel „Ist die Trägheit eines Körpers von seinem Energieinhalt abhängig?" enthält wohl die berühmteste Formel der Welt: **E=m·c²** ".[8]

Im Jahre 1909 wurde Einstein außerordentlicher Professor an der Universität Zürich für theoretische Physik und im April 1911 ging er für ein Jahr an die deutschsprachige Prager Universität. Bereits 1912 arbeitete er wieder in Zürich mit Lehrverpflichtung an der Eidgenössischen Technischen Hochschule.
Am 1. April 1914 erhielt Einstein den Ruf an die Preußische Akademie der Wissenschaften in Berlin und wurde zum Direktor des Kaiser-Wilhelm-Instituts für Physik ernannt. Hier fand Einstein die nötige Zeit und Ruhe um sein großes Werk, die Allgemeine Relativitätstheorie, zu beenden, dessen „Entwurf einer verallgemeinerten Relativitätstheorie, d.h. einer Theorie der Gravitation, die über Newtons Theorie hinausreicht" [9] , schon seit 1913 bestand. Im Jahre 1916 vollendete er die Allgemeine Relativitätstheorie, die bis dahin geltende physikalische Erklärungsansätze ersetzt. Raum, Zeit und Schwerkraft erlangen eine neue Bedeutung.
Weltweit Schlagzeilen machte Albert Einstein 1919 durch den Nachweis der von ihm vorhergesagten Sternlichtablenkung im Gravitationsfeld.[10] „Dieses Resultat ist eine der größten Errungenschaften des menschlichen Denkens"[11], kommentierte der damalige Präsident der Royal Society.
„Für seine Verdienste um die theoretische Physik, besonders für seine Entdeckung des Gesetzes des photoelektrischen Effekts aus dem Jahre 1905"[12] erhielt Albert Einstein 1921 den Nobelpreis in Physik. Einstein war nun berühmt, er gab Vorlesungen auf der ganzen Welt und zahlreiche Ehrendoktorwürden wurden ihm verliehen. Wegen Hitlers Machtübernahme 1933 kehrte Einstein aus den Vereinigten Staaten, wo er sich gerade aufhielt, nicht mehr nach Deutschland zurück. Er legte sein Amt an der Preußischen Akademie für Wissenschaften nieder, bevor die Nationalsozialisten ihn ausschließen konnten. Seine Schriften wurden im Mai 1933 vom Propagandaminister Joseph Goebbels im Rahmen der „öffentlichen Verbrennung undeutschen Schrifttums"[13] verbrannt.
Einstein siedelte in die USA über, nach Princeton (New Jersey), wo er 1933 Professor des Institude for Advanced Studies wurde.[14] 1940 wurde Einstein amerikanischer Staatsbürger. Im Alter von 76 Jahren am 18. April 1955 verstarb Albert Einstein in Princeton.[15]

---

[8] Vgl. http://de.wikipedia.org/wiki/Albert_Einstein
[9] Vgl. http://www.albert-einstein-online.de/6.html
[10] Vgl. Physik Oberstufe Gesamtband, Berlin, Cornelsen Verlag 2008, S. 446, 447
[11] Vgl. http://de.wikipedia.org/wiki/Albert_Einstein
[12] Vgl. http://www.albert-einstein-online.de/6.html
[13] Vgl. http://de.wikipedia.org/wiki/Albert_Einstein
[14] Vgl. http://www.dhm.de/lemo/html/biografien/EinsteinAlbert/
[15] Vgl. http://www.albert-einstein-online.de/6.html

3. Allgemeines über die Einstein'sche Relativitätstheorie

3.1 Spezielle Relativitätstheorie

Die Spezielle Relativitätstheorie von Albert Einstein, veröffentlicht im Jahre 1905, ist eine physikalische Theorie über Raum und Zeit. Hierbei wird das galiläische Relativitätsprinzip der klassischen Mechanik verallgemeinert. Es gelten in allen relativ zueinander gleichförmig bewegten Inertialsystemen dieselben physikalischen Gesetze. Diese Theorie wurde nicht nur zur korrekten Formulierung der Elektrodynamik eingeführt, sondern sie betrifft auch die Kinematik und die Dynamik aller Körper.

Der Kernpunkt der Speziellen Relativitätstheorie wird in Einsteins Artikel aus dem Jahre 1905 „Zur Elektrodynamik bewegter Körper" festgehalten. Diese Theorie befasst sich mit der Beschreibung relativ zueinander bewegter Bezugsysteme und sie wird in der Wissenschaft als „Relativitätstheorie" bezeichnet. Im Jahre 1916, als Albert Einstein die Grundlage einer verallgemeinerten Relativitätstheorie herausbrachte, wurde seine anfängliche Theorie von ihm umbenannt, da sich hinter ihr nur noch ein Spezialfall in der Allgemeinen Relativitätstheorie verbirgt.[16]

Zu den Grundlagen der Speziellen Relativitätstheorie gehört zum Beispiel das Thema „Relativbewegungen". Hierbei heißt es, dass die Angabe einer Geschwindigkeit auch die Angabe eines Bezugssystems benötigt. Für eine Person, die in einem Bus sitzt, ruht eine Person, die sich ebenfalls in diesem Bus befindet. Für einen Beobachter, an dem der Bus vorbeifährt, bewegen sich hingegen beide.[17]

Weiterhin gehört die Lichtgeschwindigkeit zu den Grundlagen. Die Geschwindigkeit des Lichts im Vakuum beträgt ~300000 Kilometer pro Sekunde. Alle Teilchen (Photonen), deren Ruhemasse Null ist, bewegen sich nach der Relativitätstheorie mit Lichtgeschwindigkeit. Daher ist die Lichtgeschwindigkeit eine Naturkonstante.[18]

Eine weitere Grundlage ist die Äthertheorie. Das Äther ist ein hypertonisches Medium und die Physiker im 19. Jahrhundert hofften, daraus die in der Natur auftretenden Fernkräfte (zum Beispiel Gravitation oder die elektromagnetische Kraft) festzustellen. Die moderne Physik vermeidet jedoch die Kräfte des Äthers und beschreibt stattdessen die auftretenden Kräfte als Folge von Gravitations- oder elektrischen Feldern.[19]

In erster Linie geht es in der Speziellen Relativitätstheorie um die relativistische Kinematik. Dazu gehören Gleichzeitigkeit, Längenkontraktion und Zeitdilatation, was auf den folgenden Seiten genauer

---

[16] Vgl. http://de.wikipedia.org/wiki/Spezielle_Relativit%C3%A4tstheorie
[17] Vgl. Physik Oberstufe Gesamtband, Berlin, Cornelsen Verlag 2008, S.424
[18] Vgl. Physik Oberstufe Gesamtband, Berlin, Cornelsen Verlag 2008, S.424
[19] Vgl. Physik Oberstufe Gesamtband, Berlin, Cornelsen Verlag 2008, S.425

erläutert wird.[20] Die Raum-Zeit spielt in der Kinematik ebenfalls eine große Rolle. Als Raum-Zeit wird die Vereinigung des Raumes und der Zeit bezeichnet. In dem Koordinatensystem der Raum-Zeit findet man vier Dimensionen: zum einen die drei Dimensionen des Raumes und zum anderen eine Dimension für die Zeit.[21]

In der Speziellen Relativitätstheorie ist auch die relativistische Dynamik von Bedeutung, bei der es um die Relativität der Masse geht.[22] Die Masse beschreibt zwei Eigenschaften eines Körpers: Trägheit und Schwere. Bei der Masse-Energie-Beziehung stellt die Lichtgeschwindigkeit die Geschwindigkeitsgrenze dar, dennoch kann einem sehr schnellen Körper immer mehr Energie zugeführt werden.[23] Die physikalische Formel $E=mc^2$ ist wohl die berühmteste und bekannteste Formel, die wir kennen. Sie besagt, dass die Energie gleichgesetzt wird mit der Masse mal Lichtgeschwindigkeit zum Quadrat. Man spricht hier von der Äquivalenz von Masse und Energie.[24]

3.2 Die Allgemeine Relativitätstheorie

Nach der im Jahre 1916 von Albert Einstein veröffentlichten Theorie – die Allgemeine Relativitätstheorie – ist die Gravitation eine Folge der Krümmung des Raum-Zeit-Kontinuums. Heutzutage dient diese Theorie als Grundlage aller bisher diskutierten Gedanken über die Struktur des Universums.[25] In der Allgemeinen Relativitätstheorie werden Aussagen über beschleunigte Bezugssysteme gemacht. Auf Körper in einem Bezugssystem – zum Beispiel eine Person in einem Flugsimulator – werden Kräfte ausgeübt. Sobald der Flugsimulator nach vorne beschleunigt, spürt die Person auf dem Sitz, dass auf sie eine Kraft ausgeübt wird, die sie in den Sitz drückt.[26]

Albert Einstein entwickelte einen neuen Ansatz zur Betrachtung der Gravitation – das Äquivalenzprinzip. Dank diesem konnte er die Kritik bezüglich der Relativitätstheorie zur Gravitation beseitigen. Das Äquivalenzprinzip besagt, dass es experimentell nicht möglich ist, zwischen Gravitation und Beschleunigung zu unterscheiden.[27] Das Äquivalenzprinzip gilt nur in einem homogenen Gravitationsfeld. Beispielsweise in einer sehr großen Kapsel kann ein Beobachter über einen langen Zeitraum feststellen, dass Handy und Geldstück in Richtung Erdmittelpunkt fallen und sich dabei leicht aufeinander zubewegen.[28]

---

[20] Vgl. Physik Oberstufe Gesamtband, Berlin, Cornelsen Verlag 2008, S.10
[21] Vgl. http://de.wikipedia.org/wiki/Spezielle_Relativit%C3%A4tstheorie
[22] Vgl. Physik Oberstufe Gesamtband, Berlin, Cornelsen Verlag 2008, S.10
[23] Vgl. Physik Oberstufe Gesamtband, Berlin, Cornelsen Verlag 2008, S.440
[24] Vgl. Physik Oberstufe Gesamtband, Berlin, Cornelsen Verlag 2008, S.442
[25] Vgl. Fritzsch, H.: Vom Urknall zum Zerfall, München, Piper Verlag 2005, S. 354
[26] Vgl. Physik Oberstufe Gesamtband, Berlin, Cornelsen Verlag 2008, S. 444
[27] Vgl. Freund, M.: Einstein, Albert: Relativitätstheorie, S.17
[28] Vgl. Physik Oberstufe Gesamtband, Berlin, Cornelsen Verlag 2008, S. 445

Abbildung 2

Die Geometrie der Raum-Zeit lässt sich durch die Energie und der Materie beeinflussen (siehe Abbildung 2). In der Allgemeinen Relativitätstheorie werden Raum und Zeit durch die Raumkrümmung erklärt. Also wird hier eine Wirkung der Materie auf die Raum-Zeit beschrieben.[29]

Wenn auf die Materie keine Kraft ausgeübt wird, bewegt sie sich in Raum und Zeit entlang einer Geodäte bzw. einer Geraden, doch aufgrund der Raumkrümmung ist eine Geodäte jedoch meist keine Gerade. Die Allgemeine Relativitätstheorie beschreibt den Einfluss von Materie auf diese Bewegung ausschließlich über die Geometrie der Raum-Zeit. Die Bewegung eines Gegenstands entlang eines bestimmten Weges in den vier Dimensionen der Raum-Zeit wird also als seine Weltlinie bezeichnet. Dies ist demnach die Auswirkung der Raum-Zeit auf die Materie. Das Vorhandensein von Materie verändert folglich die geometrischen Verhältnisse der Raum-Zeit.[30]

4. Die relativistische Kinematik

4.1 Zeitdilatation

Hendrik Antoon Lorentz (1899) und Joseph Larmor (1897) konnten den Effekt der Zeitdilatation mithilfe einer bereits überholten Äthertheorie ableiten. Im Rahmen der Speziellen Relativitätstheorie gelang es A. Einstein mit einer Neuinterpretation der Konzepte zu beweisen, dass die Zeitdilatation mit Raum und Zeit zusammenhängt und nicht durch einen Äther.[31]

Bei der Zeitdilatation handelt es sich um eine relative Verlangsamung des Uhrenganges, wenn sie in Bewegung ist oder in einem Gravitationsfeld.[32] Sobald sich ein Beobachter im ruhenden Zustand, also in einem Inertialsystem, befindet, so wird aus seiner Sicht jede relativ zu ihm bewegte Uhr verlangsamt. Je größer die Relativgeschwindigkeit einer Uhr ist, desto stärker ist die Zeitdilatation.[33]

Das Phänomen der Zeitdilatation ist jedoch nur bei sehr hohen Geschwindigkeiten beobachtbar, welche der Lichtgeschwindigkeit (~300.000 Km/s) sehr nahe kommen.[34]

Um dieses Phänomen zu verdeutlichen, stellen wir uns folgendes Gedankenexperiment vor. Eine Rakete A fliegt mit einer Geschwindigkeit von 150.000 Km/s an Rakete B vorbei. Die Zeit in Rakete A vergeht langsamer als die Zeit in Rakete B. Jedoch bekommt der Pilot in seiner Rakete nichts davon mit. Für ihn vergeht die Zeit in seiner Rakete mit völlig normaler Geschwindigkeit. Wenn jedoch Pilot

---

[29] Vgl. http://de.wikipedia.org/wiki/Allgemeine_Relativit%C3%A4tstheorie
[30] Vgl. http://de.wikipedia.org/wiki/Allgemeine_Relativit%C3%A4tstheorie
[31] Vgl. http://de.wikipedia.org/wiki/Zeitdilatation
[32] Vgl. Kiefer, C.: Gravitation, Frankfurt a.M., Fischer Verlag 2003, S. 124
[33] Vgl. http://de.wikipedia.org/wiki/Zeitdilatation
[34] Vgl. Physik Oberstufe Gesamtband, Berlin, Cornelsen Verlag 2008, S. 429

B durch ein Fenster die Uhr in Rakete A anschaut, beobachtet er, dass sich die Zeiger der Uhr in Rakete A langsamer bewegen als die Uhrzeiger in seiner Rakete.[35]

Die Zeit, die bei einer Uhr in Bewegung gemessen wird, heißt Eigenzeit. Mittels einer von Lorentz hergeleiteten Formel kann man herausfinden, um wie viel schneller die Zeit in Rakete B vergeht als in Rakete A. Diese Formel übertragen wir nun auf unser kleines Experiment:

$$t(normal) = \frac{t(verkürzt)}{\sqrt{1-\frac{v^2}{c^2}}} = \frac{1s}{\sqrt{1-\frac{(150.000km/s)^2}{(300.000km/s)^2}}} = 1,1547s$$

Es zeigt sich, dass die Zeit in Rakete B um 0,1547 Sekunden schneller vergeht als in Rakete A. Während in Rakete A eine Sekunde vergangen ist, sind in Rakete B 1,1547 Sekunden vergangen.

Würden sich beide Raketen im selben Inertialsystem befinden, so würden die Uhren in beiden Raketen gleich schnell verlaufen. Würde Rakete A mit Lichtgeschwindigkeit fliegen, so bliebe die Zeit – aus der Sicht von Pilot B – in ihr stehen. Dies bedeutet, dass aus der Sicht von Pilot B sich Pilot A langsamer bewegen würde. Seine Atmung und sein Herzschlag wären langsamer.[36]

4.2 Gleichzeitigkeit

Wenn man an zwei verschiedenen Orten die Zeit messen und vergleichen will, so muss man die Uhren gleichzeitig synchronisieren. Um dies zu bewerkstelligen, eignet sich dafür am besten ein Lichtblitz, den man aus der Mitte der beiden Uhren sendet.[37] Um exakte Werte messen zu können, müssen sich beide Uhren in demselben Inertialsystem befinden. Sobald der Lichtblitz bei den Uhren eintrifft, werden sie gestartet; beide laufen synchron.[38]

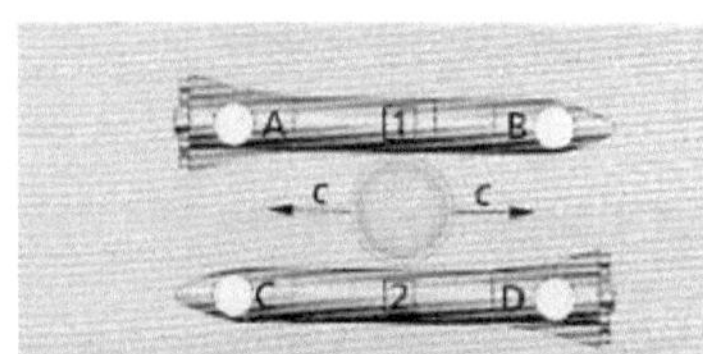

Abbildung 3

In zwei zueinander bewegten Inertialsystemen bereitet die Synchronisierung von Uhren Schwierigkeiten. Welche das sind, zeigt das folgende Gedankenexperiment: Zwei schnelle Raumschiffe (siehe Abbildung 3) bewegen sich mit halber Lichtgeschwindigkeit (0,5 c) aneinander vorbei. Am Kopf und am Heck beider Raumschiffe ist jeweils eine Uhr angebracht. Das Ziel dieses Gedankenexperimentes soll sein, diese vier Uhren gleichzeitig zu synchronisieren. Um dies zu realisieren, benutzt man zuerst das Prinzip der Einstein-Synchronisation. Beide Raumschiffe müssen auf gleicher Höhe sein und in dem Moment wird ein Lichtblitz ausgesendet. Dieser Lichtblitz hat seinen Ursprung in der Mitte beider Raumschiffe.[39]

---

[35] Vgl. http://home.arcor.de/woscholl/public/einstein.pdf
[36] Vgl. http://home.arcor.de/woscholl/public/einstein.pdf
[37] Vgl. Physik Oberstufe Gesamtband, Berlin, Cornelsen Verlag 2008, S. 429
[38] Vgl. http://de.wikipedia.org/wiki/Relativit%C3%A4t_der_Gleichzeitigkeit
[39] Vgl. http://home.arcor.de/woscholl/public/einstein.pdf

Raumschiff A ruht in seinem Bezugssystem, in dem es sich gerade befindet. Die Lichtblitze treffen zeitgleich am Kopf und am Heck des Raumschiffes ein und die Uhren, die sich dort befinden, laufen beide synchron. Die Uhren des zweiten Raumschiffes können aus der Sicht des ersten Raumschiffes nicht synchron gestartet werden. Das liegt daran, dass sich Raumschiff B in der Zwischenzeit schon weiterbewegt hat und der Lichtblitz hat das Heck dieser Rakete schon viel eher erreicht als den Kopf. Jedoch laufen aus der Sicht des Raumschiffes B die eigenen Uhren synchron, dafür aber nicht die Uhren in Raumschiff A.[40]

Man kann aus diesem Gedankenexperiment schließen, dass die Gleichzeitigkeit stets an ein Bezugssystem gebunden und deshalb als relativ zu betrachten ist. Denn wenn zwei Ereignisse in einem Inertialsystem gleichzeitig stattfinden, werden sie in einem anderen Inertialsystem, das sich dazu relativ bewegt, als nicht gleichzeitig aufgefasst.[41]

4.3 Längenkontraktion

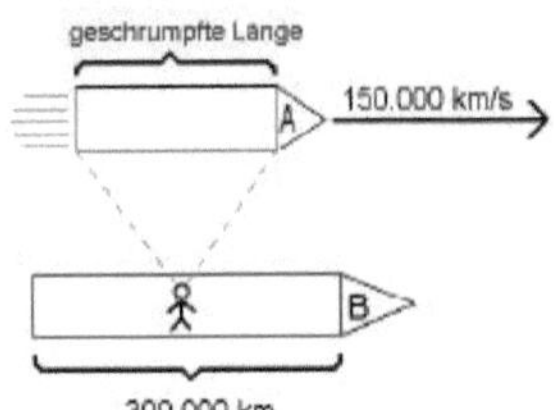

Abbildung 4

In unterschiedlichen Bezugssystemen hat die Zeitdilatation Auswirkungen auf die Messung von Längen. Die Zeitdilatation kann dank der Relativgeschwindigkeiten auf eine Messung der Zeit zurückgeführt werden.[42] In allen Inertialsystemen ist die Lichtgeschwindigkeit gleich und aus diesem Grund liefert die Laufzeit eines Lichtsignals ein genaues Maß um die Länge zu bestimmen. Wenn sich zwei Systeme gegeneinander bewegen, werden aufgrund der Zeitdilatation zwischen zwei Ereignissen unterschiedliche Zeitspannen gemessen. Deshalb wird man bei der Längenmessung mit Licht unterschiedliche Messwerte erhalten.[43]

Ein Gedankenexperiment hilft dieses Problem zu klären:

Raumfahrer A und Raumfahrer B fliegen in zwei absolut baugleichen Raumschiffen (Eigenlänge beträgt 300.000 km) aneinander vorbei. Mit 150.000 km/s fliegt Raumschiff A an Raumschiff B vorbei (siehe Abbildung 4). Eine Lichtquelle im Heck des Raumschiffs schickt ein Photon ab, das sich mit Lichtgeschwindigkeit zur Spitze des Raumschiffs bewegt. Raumfahrer A wird davon ausgehen, dass sein Raumschiff stillsteht und dass sich Raumschiff B bewegt und dass die gängigen physikalischen Vorgänge in seinem Raumschiff gelten. Für eine Strecke von 300.000 Kilometer müsste das Photon nach folgender Formel eine Sekunde benötigen, um von der Lichtquelle zur Spitze des Raumschiffs zu gelangen:

---

[40] Vgl. Physik Oberstufe Gesamtband, Berlin, Cornelsen Verlag 2008, S. 429
[41] Vgl. http://de.wikipedia.org/wiki/Relativit%C3%A4t_der_Gleichzeitigkeit
[42] Vgl. Physik Oberstufe Gesamtband, Berlin, Cornelsen Verlag 2008, S. 430
[43] Vgl. http://de.wikipedia.org/wiki/Lorentzkontraktion

$$t = \frac{s}{v} = \frac{300.000\ km}{300.000\ km/s} = 1s$$

Raumfahrer B erkennt, dass sich – während des Photonenflugs – das Raumschiff relativ zu ihm bewegt. Deshalb dürfte sich das Photon niemals in einer Sekunde zur Spitze des Raumschiffs bewegen können.

Aus diesem Grund schrumpft für Raumfahrer B die Länge des Raumschiffs A und das Photon kommt aus der Sicht beider Piloten in einer Sekunde bei der Raumschiffspitze an. Jedoch bemerkt Raumfahrer A nichts von dieser Schrumpfung. Für ihn bleibt das Raumschiff 300.000 Kilometer lang. Folgendes Rechenbeispiel wird zeigen, um wie viel die Rakete schrumpft:

$$S_{verkürzt} = S_{gemessen} \sqrt{1 - \frac{v^2}{c^2}} = 300.000 km \sqrt{1 - \frac{(150.000 km/s)^2}{(300.000 km/s)^2}} = 259.807,6\ km$$

Hier gilt: Je schneller Raumschiff A an Raumschiff B vorbeifliegt, umso größer ist die Längenkontraktion und desto stärker schrumpft Raumschiff A aus der Sicht von Raumfahrer B. Würde Raumschiff A mit Lichtgeschwindigkeit an Raumschiff B vorbeifliegen, würde Raumschiff A für Raumfahrer B auf die Länge Null schrumpfen. Fliegen beide Raumschiffe gleich schnell, so sind beide für die jeweiligen Raumfahrer gleich lang, und zwar 300.000 Kilometer.[44]

4.4 Zwillingsparadoxon

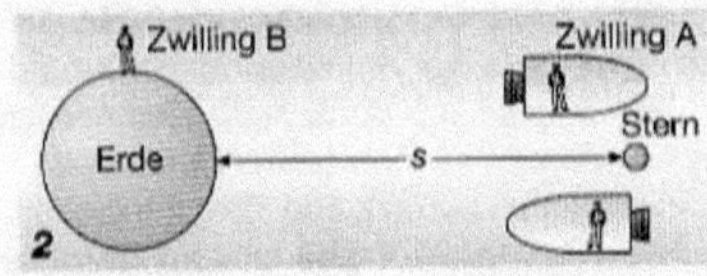

Abbildung 5

Bei dem Zwillingsparadoxon handelt es sich um ein Gedankenexperiment, das bis zur heutigen Zeit noch nicht durchgeführt werden konnte. Das Ziel dieses Gedankenexperimentes ist es, sich vorzustellen, dass man mit einem schnellen Raumschiff von der Erde aus zu irgendeinem weit entfernten Stern fliegt und anschließend wieder zur Erde zurückkehrt (siehe Abbildung 5). Der Pilot des Raumschiffes wird, sobald er wieder am Ziel ist, feststellen, dass auf der Erde inzwischen viel mehr Zeit vergangen ist als im Raumschiff.[45]

Nehmen wir also einmal an, ein Raumfahrer reist mit einem Raumschiff von der Erde ab. Die Geschwindigkeit seines Raumschiffes soll in unserem Gedankenexperiment 260.000 km/s betragen. Diese Geschwindigkeit entspricht relativ genau einem Gammafaktor von 2. Der Gammafaktor lässt sich mit Hilfe folgender Formel berechnen:

---

[44] Vgl. http://www.hausarbeiten.de/faecher/vorschau/108321.html
[45] Vgl. Physik Oberstufe Gesamtband, Berlin, Cornelsen Verlag 2008, S. 431

$$\Upsilon = \frac{1}{\sqrt{1 - \left(\frac{v}{c}\right)^2}}$$

Gamma bezeichnet den Gammafaktor, v die Geschwindigkeit (m/s) unseres Raumschiffes und c die Lichtgeschwindigkeit ($3 \cdot 10^8$ m/s). Wir setzen nun die entsprechenden Werte in die Formel ein:

$$\Upsilon = \frac{1}{\sqrt{1 - \left(\frac{260000000 \frac{m}{s}}{300000000 \frac{m}{s}}\right)^2}} = \frac{15 \cdot \sqrt{14}}{28} \approx 2,004459$$

Weiterhin nehmen wir an, dass der Pilot seinen Zwillingsbruder auf der Erde zurücklässt.[46] Im Alter von 30 Jahren reist unser Raumfahrer ab und fliegt zehn Jahre mit seinem Raumschiff geradlinig durch den Weltraum zu einem Stern. Dort angekommen bremst er das Raumschiff auf schnellem Wege ab, kehrt um und fliegt auf geradem Wege wieder zur Erde zurück. Im Alter von 50 Jahren – also nach Beendigung seiner 10-Jährigen Rückreise – gelangt er

Abbildung 6

wieder zu seinem Ausgangspunkt.[47] Er wird nun feststellen, dass sein Zwillingsbruder doppelt so schnell gealtert ist wie er aufgrund des oben berechneten Gammafaktors von 2. Sein auf der Erde gebliebener Zwillingsbruder ist demzufolge 70 Jahre alt (siehe Abbildung 6). Während der Raumfahrer nur 20 Jahre im Weltall verbrachte, sind bei seinem Zwillingsbruder auf der Erde 40 Jahre vergangen.[48]

5. Ein Experiment und dessen Nutzen

5.1 Der Atomuhrenvergleich

Abbildung 7

Ein sehr bekanntes und berühmtes Experiment, das das Phänomen der Zeitdilatation bestätigt, ist der Atomuhrenvergleich. In den ersten Jahren nach der Veröffentlichung wurde die Relativitätstheorie von vielen Seiten kritisiert und angezweifelt, da ihre Aussagen kaum nachprüfbar waren, zum Beispiel die Messung von Zeitunterschieden in zwei Bezugssystemen. Dies schien am Anfang des 20. Jahrhunderts kaum realisierbar zu sein, denn um Zeitunterschiede

---

[46] Vgl. http://www.hausarbeiten.de/faecher/vorschau/108321.html
[47] Vgl. Physik Oberstufe Gesamtband, Berlin, Cornelsen Verlag 2008, S. 431
[48] Vgl. http://de.wikipedia.org/wiki/Zwillingsparadoxon

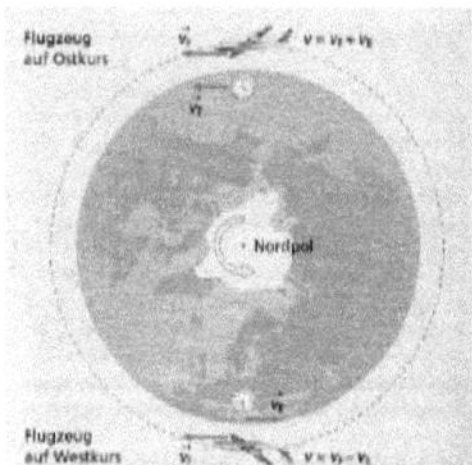

Abbildung 8

messen zu können, muss die Geschwindigkeit sehr hoch sein oder die Uhren müssen extrem genau gehen. Dank der Atomuhren (siehe Abbildung 7) war es möglich, auch Nanosekunden zu messen.

Im Jahre 1971 wurde erstmals folgendes Experiment durchgeführt: Wissenschaftler schickten eine Atomuhr in einem Verkehrsflugzeug zwei Mal um den Globus (siehe Abbildung 8), einmal in westliche Richtung und einmal in östliche Richtung. Nach Beendigung des Fluges wurden die Uhren mit einer am Boden ruhenden Uhr verglichen. Bei der Auswertung berücksichtigte man die genauen Flugrouten, Fluggeschwindigkeiten und Flughöhen. Es ist so, dass die beiden Bezugssysteme (Atomuhr im Flugzeug und Uhr am Boden) keine Inertialsysteme darstellen, da sich die Erde um die eigene Achse dreht und um die Sonne. Außerdem rotiert wiederum unser Sonnensystem um das Zentrum unserer Galaxie. Bei den auswertenden Rechnungen verglich man dann die gemessenen Zeiten der Uhren mit einer anderen Uhr A, die sich in einem Inertialsystem befindet, das relativ zum Rotationsmittelpunkt der Erde ruht.

Wir betrachten nun eine Uhr, die sich relativ zu der Uhr A mit einer Geschwindigkeit von v bewegt. Diese Uhr geht nach einem Flug um den Globus der Dauer t gegenüber der Uhr A nach. Die folgende Formel drückt diese Näherungsweise aus:

$$\Delta t = \frac{v^2}{2c^2}\, t$$

Jedoch muss man auch die relativistischen Effekte der Allgemeinen Relativitätstheorie berücksichtigen: hier die Flughöhe. Denn je höher sich die Uhr befindet, umso schneller vergeht die Zeit; dies liegt an der Gravitationsfeldstärke. Je höher die Gravitationsfeldstärke ist, umso langsamer vergehen die Uhren.[49] Die folgende Formel beschreibt den Gravitationseffekt mit der Fallbeschleunigung g:

$$\Delta t' = \frac{gh}{c^2}\, t$$

Abbildung 9

Uhr	Geschwindigkeit v relativ zur Uhr U am Erdmittelpunkt	Abweichung gegenüber U durch Relativitätsbewegung	Abweichung gegenüber der Uhr am Boden durch den Gravitationseffekt	Gesamtabweichung gegenüber der Uhr am Boden
am Boden	463 m/s	−214 ns	0 ns	0 ns
im Flugzeug auf Ostkurs	685 m/s	−469 ns	176 ns	−469 ns + 214 ns + 176 ns = −79 ns Die Uhr geht um 79 ns nach.
im Flugzeug auf Westkurs	241 m/s	−58 ns	176 ns	−58 ns + 214 ns + 176 ns = +332 ns Die Uhr geht um 332 ns vor.

In der unten aufgeführten Tabelle (siehe Abbildung 9) kann man nun die Messwerte eines 50-Stündigen Fluges mit einer Geschwindigkeit von

---

[49] Vgl. Physik Oberstufe Gesamtband, Berlin, Cornelsen Verlag 2008, S. 438

800 km/h in östlicher und westlicher Richtung um den Äquator bei einer Flughöhe von 9 Kilometer betrachten. Die Vorhersage der Relativitätstheorie konnte durch diese Messung bestätigt werden.[50]

5.2 Das „Global Positioning System"

Ohne die Einstein'sche Relativitätstheorie würde das bekannte „Global Positioning System", auch GPS-System genannt, nicht so funktionieren, wie man es kennt. Die Zeitdilatation wurde durch das GPS-System bekannt, das angeblich nur durch Albert Einsteins Theorie funktionieren würde.

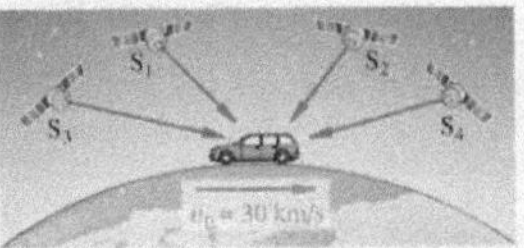

Global-Positioning-System (GPS): Signale der vier Satelliten treffen das Auto. Dessen Position berechnet sein Computer aus den Laufzeitdifferenzen der Signale.

Abbildung 10

„Jedoch ist das Gegenteil der Fall, es funktioniert trotz Einstein."[51] Ein GPS-Empfänger kann unter freiem Himmel die Position auf wenige Meter genau angeben (siehe Abbildung10). Dafür sind 24 Satelliten verantwortlich, die sich in 20000 Metern Höhe über der Erde befinden (siehe Abbildung 11). Diese Satelliten sind mit Atomuhren ausgestattet, die wiederum für

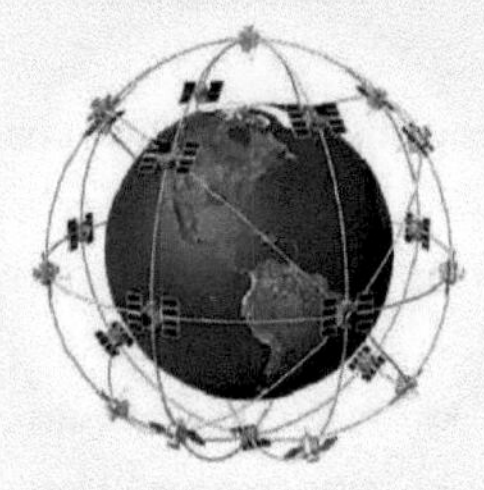

Abbildung 11

eine exakte Uhrzeit sorgen.[52] Um eine metergenau Positionsbestimmung zu erhalten, dürfen die Atomuhren der GPS-Satelliten nicht mehr als vier Nanosekunden voneinander abweichen.[53] Vom Satelliten bis zum Empfänger kommen die Signale etwa um eine Zehntelsekunde später an, was an der Zeitdilatation liegt. Aus der Zeitdifferenz (Empfangszeit und Sendezeit) berechnet dann der GPS-Empfänger die Entfernung zum Satelliten.[54]

Die GPS-Satelliten bewegen sich auf unterschiedlichen Bahnen mit einer Geschwindigkeit von acht Kilometern pro Sekunde.[55] Wie schnell die Uhren in den Satelliten gehen, hängt zum einen von ihrer Geschwindigkeit ab und zum anderen von der Stärke der Gravitation an ihrem jeweiligen Ort.[56]

6. Reflexion

Nach knapp sechs Wochen Bearbeitungszeit des Themas „Einsteins Relativitätstheorie und die Zeit – Die relativistische Kinematik" kann ich behaupten, dass ich in dieser arbeitsintensiven Zeit sowohl inhaltlich als auch methodisch viel dazugelernt habe. Albert Einsteins Relativitätstheorie ist bis heute eine der bedeutendsten und zu seiner Zeit die revolutionärste Überlegung. Er behauptete Dinge, die den Menschen absurd erschienen, da sie einfach schwer zu glauben und schwer zu verstehen sind. Dieser Meinung war ich auch, bis ich durch die Beschäftigung mit diesem Thema begreifen konnte, was Einstein mit seinen Theorien darstellen wollte. Ich finde es faszinierend, dass Einstein damals

---

[50] Vgl. Physik Oberstufe Gesamtband, Berlin, Cornelsen Verlag 2008, S. 438
[51] Vgl. http://www.kosmosphysik.de/34ZEITDIL.HTM
[52] Vgl. Physik Oberstufe Gesamtband, Berlin, Cornelsen Verlag 2008, S. 425
[53] Vgl. http://www.kowoma.de/gps/Fehlerquellen.htm
[54] Vgl. Physik Oberstufe Gesamtband, Berlin, Cornelsen Verlag 2008, S. 425
[55] Vgl. http://de.wikipedia.org/wiki/Global_Positioning_System
[56] Vgl. Physik Oberstufe Gesamtband, Berlin, Cornelsen Verlag 2008, S. 425

feste Größen, wie Zeit, Länge und Masse, einfach in Frage stellte und mit seiner Relativitätstheorie den passenden Beweis lieferte. Nach genauerem Studieren dieser faszinierenden Thematik bleibt jetzt noch die Frage zu beantworten, was die Physik unseres Jahrhunderts ohne Einsteins Genialität gewesen wäre.

Wir verfügen nicht über Einsteins Wissen, besitzen aber hochtechnische Computer, die uns erlauben, ein wenig in die moderne Physik zu blicken und eine relativistische Welt zu simulieren. Einsteins Auswirkungen auf die moderne Physik sehen bisher sehr vielversprechend aus und auch die Physik der Zukunft wird sich auf Einsteins Theorien stützen und ihren Nutzen daraus ziehen können. Dies haben wir zum Beispiel beim GPS-System gesehen. Ohne Einsteins Theorie würde es sehr ungenaue Messwerte liefern, auf die man sich nicht verlassen könnte.

Die Welt ohne Einstein wäre heute um vieles ärmer, so gäbe es zum Beispiel kein GPS, kein Fernsehen und keinen Laser. Wir wüssten auch nichts über die Nutzung der Atomkraft. Ohne Einstein hätte es allerdings auch nicht die Atombombe gegeben. Wobei man allerdings hinzufügen muss, dass er die Atomkraft nur für friedliche Zwecke nutzen wollte.[57]

Für einen normalen Menschen sind die Theorien Einsteins zu den Begriffen Gravitation, Raumkrümmung, Zeit, Raum und Zeitdilatation nicht immer verständlich – eher mystisch. Durch meine intensive Beschäftigung mit einigen Gedankenexperimenten aus dem Bereich der relativistischen Kinematik konnte ich gut nachvollziehen, dass die Zeit nicht absolut ist, wie Newton es behauptete, sondern relativ.

Für die Zukunft wünsche ich mir eine noch größere Beachtung für Einsteins Relativitätstheorie, insbesondere für nicht fachkundige Menschen, da dies nur förderlich für das Verständnis von Raum, Zeit und Weltbild sein kann.

„Wenn ich mich frage, woher es kommt, daß gerade ich die Relativitätstheorie aufgestellt habe, so scheint es an folgendem Umstand zu liegen: der normale Erwachsene denkt über die Raum-Zeit-Probleme kaum nach. Das hat er nach seiner Meinung bereits als Kind getan. Ich hingegen habe mich geistig derart langsam entwickelt, daß ich erst als Erwachsener anfing, mich über Raum und Zeit zu wundern. Naturgemäß bin ich dann tiefer in die Problematik eingedrungen als die normal veranlagten Kinder." Albert Einstein[58]

---

[57] Vgl. http://www.albert-einstein-online.de/6.html
[58] Vgl.: Fritzsch, H.: Die verbogene Raum-Zeit, München 2003, S.163

7. Anhang

7.1 Quellenverzeichnisse

<u>Literaturverzeichnis:</u>

- **Bader, Franz (Hrsg.):** Dorn-Bader, Physik, Gymnasium Kursstufe, Sek.II, Braunschweig, Schroedel Verlag 2004

- **Bayer, Reinhard u.a.:** Impulse Physik 2, Klasse 12 – 13 der Gymnasien, 1. Auflage, Stuttgart, Ernst Klett Verlag GmbH 2001

- **Diehl, Bardo u.a.:** Physik Oberstufe Gesamtband, 1. Auflage, Berlin, Cornelsen Verlag 2008

- **Fritzsch, Harald:** Die verbogene Raum-Zeit, Newton, Einstein und die Gravitation, 4. Auflage, München, Piper Verlag GmbH 2003

- **Fritzsch, Harald:** Eine Formel verändert die Welt, Newton, Einstein und die Relativitätstheorie, 9. Auflage, München, Piper Verlag GmbH 2005

- **Fritzsch, Harald:** Vom Urknall zum Zerfall, Die Welt zwischen Anfang und Ende, 7. Auflage, München, Piper Verlag GmbH 2005

- **Greene, Brian:** Das Elegante Universum, Superstrings, verborgene Dimensionen und die Suche nach der Weltformel, Berlin, Siedlerverlag 2000

- **Kiefer, Claus:** Gravitation, Frankfurt a. M., Fischer Taschenbuch-Verlag 2003

Internetquellen:

- Albert Einstein
  http://www.klassenarbeiten.de/referate/physik/alberteinstein/alberteinstein_47.htm

- Albert Einstein
  http://de.wikipedia.org/wiki/Albert_Einstein

- Albert Einstein
  http://www.dieterwunderlich.de/Albert_Einstein.htm

- Albert Einstein
  http://www.albert-einstein-online.de/6.html

- Albert Einstein
  http://www.dhm.de/lemo/html/biografien/EinsteinAlbert/

- Spezielle Relativitätstheorie
  http://de.wikipedia.org/wiki/Spezielle_Relativit%C3%A4tstheorie

- Zeitdilatation
  http://de.wikipedia.org/wiki/Zeitdilatation

- Die Einstein'sche Relativitätstheorie
  http://home.arcor.de/woscholl/public/einstein.pdf

- Gleichzeitigkeit
  http://de.wikipedia.org/wiki/Relativit%C3%A4t_der_Gleichzeitigkeit

- Lorenzkontraktion
  http://de.wikipedia.org/wiki/Lorentzkontraktion

- Relativitätstheorie
  http://www.hausarbeiten.de/faecher/vorschau/108321.html

- Zwillingsparadoxon
  http://de.wikipedia.org/wiki/Zwillingsparadoxon

- Zeitdilatation
  http://www.kosmosphysik.de/34ZEITDIL.HTM

- GPS
  http://www.kowoma.de/gps/Fehlerquellen.htm

- GPS
  http://de.wikipedia.org/wiki/Global_Positioning_System

Abbildungsverzeichnis:

- Abbildung 1 (S. 2):
  http://images.interpedix.de/1_albert_einstein4.jpg_300x_thumb.jpg

- Abbildung 2 (S. 6):
  http://members.chello.at/planetensystem/erde3.jpg

- Abbildung 3 (S. 7):
  Physik Oberstufe Gesamtband, Berlin, Cornelsen Verlag 2008, S. 429

- Abbildung 4 (S. 8):
  http://home.arcor.de/woscholl/public/einstein.pdf

- Abbildung 5 (S. 9):
  Impulse Physik 2, Klasse 12 – 13 der Gymnasien, Stuttgart, Klett Verlag, S.334

- Abbildung 6 (S. 10):
  Physik Oberstufe Gesamtband, Berlin, Cornelsen Verlag 2008, S.431

- Abbildung 7 (S. 11):
  http://www.kowoma.de/gps/Atomuhr.jpg

- Abbildung 8 (S.11):
  Physik Oberstufe Gesamtband, Berlin, Cornelsen Verlag 2008, S.438

- Abbildung 9 (S. 12)
  Physik Oberstufe Gesamtband, Berlin, Cornelsen Verlag 2008, S.438

- Abbildung 10 (S. 12)
  Dorn-Bader, Physik, Gymnasium Kursstufe, Sek.II, Braunschweig, Schroedel Verlag 2004, S. 160

- Abbildung 11 (S. 12)
  http://www.dss-berlin.com/shop/images/GPS-Satellit-JPG.jpg

7.2 Glossar der Fachbegriffe

Äquivalenzprinzip: Es handelt sich um einen Begriff der Allgemeinen Relativitätstheorie. Eine beschleunigte Bewegung lässt sich nicht vom Aufenthalt in einem Gravitationsfeld unterscheiden. Das Äquivalenzprinzip verallgemeinert das Relativitätsprinzip: alle Beobachter können unabhängig von ihrem Bewegungszustand behaupten, dass sie in Ruhe sind, solange die Anwesenheit eines Gravitationsfeldes nicht spürbar ist.[59]

Dynamik: Bewegung von Körpern unter der Einwirkung von Kräften.[60]

Elektrodynamik: Lehre der elektromagnetischen Erscheinungen und Kraftwirkungen in der Natur.[61]

Galiläisches Relativitätsprinzip: Begriff der Relativitätstheorie. Es besagt, dass die physikalischen Gesetze für alle Beobachter, die sich mit konstanter Geschwindigkeit relativ zueinander bewegen, die gleiche Form haben. Jeder Beobachter kann daher von sich behaupten, dass er sich in Ruhe befindet.[62]

Geodäte: Es handelt sich hierbei um die kürzeste oder längste Verbindungslinie zweier Punkte in einem Raum. In einem Euklidischen Raum sind die Geodäten gerade Linien.[63]

Gravitation: Bezeichnung für die Anziehung massiver Körper untereinander.[64]

Inertialsystem: Hierbei handelt es sich um ein physikalisches Bezugssystem, in dem die Bewegungslinie eines materiellen Körpers eine Gerade ist. Außerdem gibt es keine Trägheitskräfte.[65]

Kinematik: Lehre der Bewegung von Körpern in einem Raum, die durch Weg, Beschleunigung und Geschwindigkeit beschrieben werden.[66]

Raum-Zeit: Hierbei handelt es sich um eine Vereinigung von Raum und Zeit. Dieser Begriff stammt aus der Speziellen Relativitätstheorie[67]

Weltlinie: Weltlinien beschreiben das Verhalten von Körpern in der Raum-Zeit.[68]

---

[59] Vgl. Greene, B.: Das Elegante Universum, Berlin 2000, S.479
[60] Vgl. http://de.wikipedia.org/wiki/Dynamik_(Physik)
[61] Vgl. Fritzsch, H.: Die verbogene Raum-Zeit, München 2003, S.398
[62] Vgl. Greene, B.: Das Elegante Universum, Berlin 2000, S.489
[63] Vgl. http://de.wikipedia.org/wiki/Geod%C3%A4te
[64] Vgl. Greene, B.: Das Elegante Universum, Berlin 2000, S.483
[65] Vgl. Kiefer, C.: Gravitation, Frankfurt a. M. 2003, S.120
[66] Vgl. http://de.wikipedia.org/wiki/Kinematik
[67] Vgl. Greene, B.: Das Elegante Universum, Berlin 2000, S.488
[68] Vgl. Fritzsch, H.: Eine Formel verändert die Welt, München 2005, S.341